DISSERTATION
CHYMIQUE

SUR LES EAUX MINÉRALES

DE SAINT DIÉ,

PAR

M. Nicolas, Démonstrateur Royal de Chymie en l'Université de Nancy, Membre de l'Académie des Sciences, Arts & Belles Lettres de Dijon, Associé Honoraire de la Société d'Émulation de Liege, &c. &c. &c.

A NANCY,

Chez Sebastien BACHOT, Imprimeur
du Roi & de l'Université.

M. DCC. LXXX.

Avec Approbation.

A MONSEIGNEUR

DE LA PORTE,

Chevalier, Seigneur de Sarzay, Belle-
fonds, Monville & autres Lieux,
Conseiller du Roi en tous ses Con-
seils, Maître des Requêtes ordinaire
de son Hôtel, Intendant de Justice,
Police & Finances, Troupes, For-
tifications & Frontieres de Lorraine
& Barrois, &c. &c. &c.

MONSEIGNEUR,

C'EST à votre amour pour le bien
public, que les Eaux Minérales de
St. Dié doivent, en quelque sorte, leur

exiſtence, puiſque c'eſt par vos ordres que j'en ai entrepris l'analyſe; permettez que j'en publie aujourd'hui les Réſultats ſous vos auſpices. L'hommage de mon Travail vous eſt dû à titre de juſtice & de reconnoiſſance. En rempliſſant ce devoir, je ſatisfais en même temps aux vœux de tous les Magiſtrats de la Ville de St. Dié, & aux plus doux mouvemens de mon cœur.

Je ſuis avec reſpect,

$\mathcal{M}$ONSEIGNEUR,

Votre très-humble & très-obéiſſant Serviteur, NICOLAS.

DISSERTATION

CHYMIQUE

SUR LES EAUX MINÉRALES

DE SAINT DIÉ.

AINT DIÉ est une Ville de la Lorraine, située sur la Meurthe, à quinze lieues de Nancy ; elle occupe le centre d'un Vallon très-agréable, au pied des montagnes de Vôges, qui séparent cette Province de l'Alsace.

Ce Vallon, qui a deux lieues d'étendue, est appellé *le Val de St. Dié.* Une Riviere abondante en poissons délicats, parcourt, en serpentant, toute la plaine ; ses eaux vives & limpides y entretiennent la fraîcheur &

la fertilité des Prairies. Les Montagnes qui terminent le Val de St. Dié, font couvertes d'arbres que respectént les froids les plus rigoureux. Toujours revétus de verdure, ils préfentent aux yeux, dans la faifon des frimats, l'admirable contrafte de l'Hiver & du Printemps.

Aux agréments de la fituation, St. Dié joint encore d'autres avantages plus précieux. L'air qu'on y refpire eft fi falubre & fi pur, qu'on y parvient communément à l'extrême vieilleffe, fans en reffentir les infirmités.

Un Siege Épifcopal nouvellement érigé, un Chapitre Illuftre & très-Ancien, un Préfidial, & plufieurs autres Tribunaux, une Nobleffe diftinguée, des mœurs douces & faciles dans tous les Citoyens, des Promenades riantes, de belles Routes qui y aboutiffent de toutes parts ; tout, en un mot, femble fe réunir, pour faire de St. Dié, un féjour délicieux. Le premier fentiment du Voyageur enchanté, eft le defir de fixer fa demeure dans un Lieu qui raffemble fi bien tous les agréments de la vie. On peut compter encore, parmi les avantages de la fituation de St. Dié, le voifinage des feules Mines d'Argent qui foient en Lorraine, Ste. Marie & la Croix, & les trois Célebres Abbayes d'Eftival, Moyenmoutier & Senones. Ces Lieux renferment des objets dignes de l'attention des Étrangers, & bien propres à exciter la curiofité des Amateurs de l'Hiftoire Eccléfiaftique & Naturelle de cette Province.

C'eft dans le voifinage de cette Ville charmante, à côté de l'Hermitage où St. Dié termina fa carriere, qu'on vient de découvrir deux Sources d'Eaux Minérales, qui paroiffent être le réfultat des eaux qui fe filtrent à travers les couches d'une montagne voifine, appellée *la Montagne St. Martin*. C'eft au hazard feul qu'on doit cette précieufe découverte. Un Jardinier ayant befoin d'eau, & trouvant la terre fort humide en cet endroit, s'avifa d'y faire un trou ; telle eft l'origine de la premiere Fontaine. En examinant le terrein, un peu au deffus, il vit une petite fource, dont les eaux dépofoient fur les herbes voifines, une incruftation terreufe de couleur jaune ; il creufa la terre pour en retenir l'eau, & forma ainfi la feconde Fontaine. Mais ces Eaux n'en étoient pas plus connues ; & l'on ignoroit encore leurs qualités bienfaifantes, lorfqu'elles furent vifitées par un Amateur d'Hiftoire Naturelle (*Monfieur Richard fils*,) il les goûta, & à leur faveur minérale, jugeant qu'elles ne devoient pas être négli-

gées, il communiqua ſes obſervations à
Monſieur le Doctèur *Deybac*, Médecin re-
commandable par ſes talents, qui ſe tranſporta
ſur les Lieux, afin de ſoùmettre ces Eaux
à quelques expériences. *M. Deybac* les ayant
reconnues ferrugineuſes, en rendit compte
à Meſſieurs les Magiſtrats de St. Dié, en
obſervant que ces Eaux méritoient un examen
plus détaillé & plus approfondi; en conſé-
quence, on engagea un jeune Pharmacien
de la Ville (*M. Regnaud*) à en faire l'analyſe;
ſon rapport fut en tout point favorable, &
par un travail fait avec toute l'intelligence
poſſible, il démontra que le fer étoit tenu
en diſſolution dans ces eaux par le *gas*, ou
eſprit minéral, dont j'ai parlé dans mon analyſe des Eaux Minérales de la Lorraine. Mais
ce jeune Homme, qui joint la modeſtie au
mérite des connoiſſances Chymiques, ne
voulut pas publier ſon Ouvrage, ſans l'avoir
communiqué à ſon ancien Maître, & en
avoir obtenu l'approbation. Je fus donc in-
vité par Meſſieurs les Officiers Municipaux,
à venir ſur les Lieux pour examiner ces
Fontaines, ſous l'agrément de Monſieur
De La Porte, Intendant de la Province:
cet Illuſtre Magiſtrat qui ne laiſſe échapper
aucune occaſion de faire le bien dans le dé-

partement

partement qui lui eſt confié , m'ayant donné ſes ordres , je partis le ſixieme jour de Septembre 1779. A mon arrivée , je viſitai ces Fontaines , & j'examinai le local. Le lendemain je commençai mes expériences en préſence de tous les Gens de l'Art qui furent invités de s'y trouver.

ANALYSE

De la premiere Source , que j'appellerai déſormais la Fontaine d'en bas.

1.º Cette Fontaine eſt très-abondante ; elle peut fournir dans une minute , dix à douze pintes d'eau.

2.º L'eau de cette Fontaine eſt très-limpide ; elle a une ſaveur ferrugineuſe bien marquée , & une odeur d'*hepar* très-ſenſible , que l'on diſtingue également au goût.

3.º J'ai plongé dans cette Source un thermometre fait ſuivant les principes de Réaumur , & qui étoit à 16 dégrés au deſſus de la congélation ; au bout d'un demi quart d'heure , il baiſſa de deux dégrés. J'ai répété pluſieurs fois cette expérience , & j'ai conſtamment obtenu le même réſultat.

B

4.° La pefanteur fpécifique de cette Eau Minérale, comparée avec celle de l'eau diftillée, ramenée au même degré de froid, s'eft trouvée, à peu de chofe près, égale aux pefes - liqueurs de Meffieurs Beaumé & Fareinheit.

5.° Cette Eau diffout parfaitement bien le favon.

6.° Verfée, fortant de fa fource, fur des fleures de mauve, elle leur fait prendre une légere couleur de violet, à raifon du *gas* ou efprit minéral que cette eau contient.

7.° Mêlée avec la teinture de tournefol, elle la rougit un peu.

8.° La teinture de noix-de-galle, verfée dans cette eau, lui communique une couleur violette très-foncée; dans le délai de vingt-quatre heures, le mêlange a paffé au noir.

9.° L'huile de tartre, par défaillance, lui fait prendre une couleur jaune, & la rend trouble. Au bout de vingt-quatre heures, on trouve au fond du vafe un précipité jaune, affez abondant. J'ai examiné ce précipité, & j'ai reconnu que c'étoit une chaux ferrugineufe, mêlée avec une terre abforbante & calcaire.

10.° L'alkali volatil y produit les mêmes phénomenes; on remarque feulement que le

précipité formé du fer & de la terre abſor‑
bante, contenus dans cette eau, a une couleur
jaune plus foncée, tirant un peu ſur le noir,
à cauſe de la grande quantitée de phlogiſtique
que contient l'alkali volatil.

11.° Le foye de ſouffre, en liqueur, fait
prendre à cette eau, un coup d'œil louche,
& le mélange fournit, dans les vingt-quatre
heures, un précipité d'un jaune noirâtre,
qui, à l'examen, s'eſt trouvé être du ſouffre
uni à un peu de terre abſorbante & ferru‑
gineuſe. Dans cette expérience, l'acide ga‑
ſeux, qui facilitoit la diſſolution du fer &
de la terre abſorbante, les abandonne pour
s'unir à l'alkali du foye de ſouffre; le fer &
la terre devenus libres, ſe précipitent.

12.° L'alkali pruſſien ne lui a d'abord oc‑
caſionné aucun changement ſenſible; quelque
temps après, il lui a communiqué une teinte
très-légere d'un bleu verdâtre, ce qui m'a
porté à croire que le fer, dans cette eau,
n'étoit point vitrioliſé.

13.° Le ſel neutre arſenical n'y occaſionne
d'abord aucun changement; vingt-quatre
heures après, le mélange devient un peu
louche.

14.° La diſſolution de ſel de ſaturne dans
l'eau diſtillée, mêlée avec cette eau, lui fait

prendre un coup d'œil laiteux ; quelque temps après, on trouve au fond du vaiſſeau, un précipité d'un gris noirâtre.

15.° Le nitre mercuriel, diſſous dans cette eau, la rend laiteuſe ; puis elle prend un coup d'œil jaunâtre, & fournit un précipité de même couleur, tirant un peu ſur le verd. J'ai déjà fait voir dans mon analyſe des Eaux Minérales de la Lorraine, combien peu on devoit compter ſur la couleur jaune de ce précipité, pour juger ſi une eau eſt ſéléniteuſe, puiſque les alkalis lui communiquent également cette couleur, ainſi que toutes les ſubſtances qui contiennent l'acide igné, ou *acidum pingue* de Meyer.

16.° La diſſolution du nitre lunaire n'y occaſionne aucun changement ſenſible ; dans l'eſpace de 24 heures, le mélange donne un précipité très-rare, ſous la forme de la neige.

17.° L'eau de chaux eſt dans l'inſtant décompoſée par ſon mélange avec cette eau ; elle devient jaunâtre, & fournit en peu de temps, un précipité de même couleur. Ce précipité eſt de la terre calcaire unie à une terre ferrugineuſe.

18.° L'acide vitriolique, verſé dans cette eau, en dégage une aſſez grande quantité d'air, ſous la forme de petites perles.

19.° J'ai fait tremper une lame d'argent bien brillante dans cette fource ; au bout de 24 heures, elle eft devenue d'un jaune noirâtre.

20.° Voulant m'affurer que cette eau ne contenoit point de cuivre, j'y ai fait tremper, pendant un affez long efpace de temps, une lame d'acier bien polie, après avoir eu la précaution de verfer auparavant dans l'eau quelque goutes d'acide nitreux, afin de faciliter la précipitation du cuivre fur la lame de fer, laquelle a été feulement dépolie à fa furface, fans que j'aie apperçu aucune trace de couleur cuivreufe.

Comme ces expériences n'avoient fait, jufqu'à lors, que me donner des indices fur les principes conftituants de cette Eau Minérale, & qu'il étoit effentiel d'y procéder analytiquement, j'ai fait évaporer foixante livres de cette eau dans une terrine de grés fur un feu très-doux ; à l'inftant que l'eau a fenti la chaleur, elle s'eft colorée d'un jaune citron ; quelque temps après, il s'eft dégagé beaucoup de bulles d'air.

21.° J'ai expofé au deffus du vaiffeau évaporatoire, un papier frotté de blanc de fard, ou chaux de bifmuth, afin d'examiner fi cette chaux métallique n'éprouveroit pas

quelqu'altération fenfible , par les premieres
vapeurs de l'eau : ce que je n'ai tenté qu'à
raifon de l'odeur d'*hépar* que j'y ai reconnu , & qui paroit tenir à un principe
fulphureux , odeur que cette eau prend par
fa feule expofition à l'air libre ; la chaux métallique , attachée au papier , n'a que très-
foiblement noirci , ce qui fait voir que le
principe fulphureux eft pour peu de chofe
dans cette Eau Minérale.

22.° Au commencement de l'évaporation ,
j'ai vu fe former plufieurs flocons jaunes ,
qui ont augmenté peu-à-peu , & qui enfuite
fe font précipité au fond du vaiffeau. J'ai
féparé ce précipité par décantation ; puis
après l'avoir fait fécher , je l'ai porté fur une
balance : il pefoit dix-fept grains.

23.° J'ai verfé du vinaigre diftillé fur ce
précipité , qui en a diffous une petite portion avec effervefcence. L'alkali fixe en liqueur , jetté fur cette diffolution , a occa-
fionné un précipité. L'acide végétal s'eft uni
à l'alkali , & a abandonné la terre fur laquelle
il avoit d'abord exercé fon action.

24.° J'ai foumis à la calcination , dans
un creufet , l'autre partie de ce précipité ,
que le vinaigre n'avoit pu diffoudre ; ayant
enfuite préfenté à la matiere un barreau

aimanté, elle en a été totalement attirée.

25.° J'ai continué l'évaporation de toute la liqueur jufqu'à la réduction à peu près d'une livre. Il s'eft précipité dans l'évaporatoire, une poudre d'un gris blanchâtre, que j'avois pris d'abord pour de la félénite, l'ayant féparé de la liqueur, je l'ai lavé, & fait fécher ; elle pefoit environ quinze grains ; pouffée à la calcination, elle n'a pas pris le caractere de la chaux vive, ce qui m'a prouvé qu'elle étoit de la nature de la terre abforbante.

26.° J'ai mis enfuite le refte de la liqueur à évaporer dans une capfule de verre fur un bain de fable ; lorfqu'elle a été réduite à peu près à deux onces, les vapeurs qui s'en élevoient avoient une odeur femblable à celles que donnent les eaux meres des fels ; mife fur la langue, elle faifoit fentir une legere acrimonie.

27.° J'ai expofé au frais cette liqueur concentrée, mais elle ne m'a donné aucun fel fous forme de criftaux ; fa furface s'eft feulement recouverte d'une pellicule, qui, au coup d'œil, paroiffoit onctueufe.

28.° J'ai pouffé l'évaporation jufqu'à ficcité ; j'ai recueilli enfuite le réfidu de couleur jaune, qui s'étoit attaché aux parois de la

capſule; il peſoit environ vingt-neuf grains ;
il attiroit l'humidité de l'air.

29.º Une petite portion de ce réſidu ayant
été ſoumiſe à la calcination, a pris une couleur d'un gris noirâtre, & a exhalé une odeur
analogue à celle que répand une matiere
animale que l'on fait brûler. Ce réſidu cal-
ciné n'a plus donné de marques de la préſence du fer.

30.º J'ai verſé du vinaigre diſtillé ſur
l'autre portion de ce réſidu ; il l'a diſſou avec
efferveſcence : j'ai ſoumis la liqueur à l'évaporation & criſtalliſation ; j'ai obtenu quelques
petits criſtaux de ſel acéteux marins, indé-
compoſable par les alkalis, & un ſel acéteux
terreux, que l'huile de tartre par défaillance
décompoſoit facilement ; ce qui démontre
la préſence du *natrum*, dans cette eau, ainſi
que celle de la terre abſorbante. Une partie
de la liqueur a conſtamment refuſé de donner des criſtaux , & avoit un coup d'œil
huileux.

31.º J'ai verſé de l'acide vitriolique bien
pur, & bien concentré, ſur cette eſpece d'eau
mere, il a excité une vive efferveſcence ; puis
il s'eſt élevé des vapeurs analogues à celles de
l'acide marin, ce qui ſembleroit indiquer que
cette eau contient un peu de ſel marin.

32.º J'ai foumis à la diftillation dix livres de cette eau, dans une cornue de verre, au bec de laquelle j'avois luté un récipient, contenant de l'eau de chaux bien limpide. Dès que l'Eau Minérale a commené à fe réduire en vapeurs, l'eau de chaux eft devenue très-laiteufe : environ deux heures après, il s'eft dépofé dans le récipient une matiere blanche en flocons, qui, à l'examen, s'eft trouvé être de la nature des fpaths calcaires, ce qui démontre évidemment la préfence du *gas* dans cette Eau Minérale.

33.º Au premier degré de chaleur, l'eau de la cornue eft devenue jaune, peu de temps après, il s'eft formé un précipité ocreux, & l'eau a repris fa tranfparence. J'ai décanté la liqueur, & je l'ai enfuite fait évaporer, jufqu'à ce que la totalité fut réduite à quatre onces. Pendant l'évaporation, il s'eft précipité une matiere d'un gris blanchâtre, fur laquelle ayant verfé un peu d'acide nitreux, il l'a diffous en totalité, avec effervefcence ; la liqueur filtrée, & foumife enfuite à l'évaporation & criftallifation, a donné un fel, en très-petites aiguilles, qui n'avoient pas la propriété de fufer fur les charbons ardents ; les alkalis décompofoient facilement ce fel ; cette expérience démontre que ce précipité eft de la terre abforbante.

34.° J'ai verfé de cette Eau Minérale concentrée, fur une teinture de fleurs de mauve; elle a pris un coup d'œil verd.

35.° La diffolution de nitre lunaire dans l'eau diftillée, mêlée avec cette eau concentrée, lui a donné d'abord un œil d'opale; peu de temps après, elle a pris une couleur violette, & a fourni un précipité rare calboté, ce qui indique la préfence d'un peu de fel marin dans cette eau.

36.° Cette eau expofée à l'air libre fe décompofe en peu de temps; elle laiffe précipiter fa terre ferrugineufe, qui s'attache aux parois des vaiffeaux qui la renferment; en cet état, la noix-de-galle n'y décele plus la préfence du fer; il n'en eft pas de même, fi on la renferme fortant de fa fource, dans des bouteilles bien bouchées & goudronnées; elle fe confervera très-long-temps; & on pourra même la tranfporter, fi on a l'attention de ne point la faire voyager dans les fortes chaleurs de l'été; j'en conferve dans ma cave depuis près de quatre mois, fans qu'elle ait fubi la moindre altération.

CONCLUSION.

1.º Il réfulte de toutes ces expériences, que les Eaux de la Fontaine d'en Bas, font légérement gafeufes, & fortement ferrugineufes.

2.º Que le poids du fel martial, qui y eft contenu, peut être évalué à deux grains & un feizieme par pinte, ce qui eft indiqué par la quantité de terre ochreufe, que fournit cette eau par l'évaporation.

3.º Que le fer eft tenu en diffolution dans cette eau, à la faveur de l'efprit minéral, ou acide gafeux.

4.º Que cet acide fingulier fe trouve auffi combiné dans cette eau, avec du *natrum* & de la terre abforbante, ce qui forme deux fels neutres particuliers.

5.º Que cette eau contient également une très-petite quantité de fel marin, ainfi qu'une petite portion de matiere graffe analogue à celle qui fe trouve dans toutes les eaux meres.

6.º Enfin, qu'on découvre dans cette eau, une odeur d'*hépar*, ou de foye de foufre, vraifemblablement émanée de quelques pyrites en décompofition, dans le voifinage defquelles cette eau prend fon cours.

ANALYSE

De l'Eau de la Fontaine dite d'en Haut.

1.° Cette Fontaine, qui n'eft éloignée de la premiere, que d'environ deux toifes, paroît avoir un réfervoir commun avec celle d'en bas : c'eft la Montagne Saint Martin, dont elle n'eft éloignée que de deux cents pas, qui lui fournit fes eaux. Cette Source eft prefque auffi abondante que celle dont nous venons de parler. Ses eaux font limpides, & ont une faveur ferrugineufe très-fenfible. Mais elles n'ont point l'odeur d'*hépar* ou de foye de fouffre, que nous avons reconnu dans les premieres. Je penfe que cela dépend de ce que les différents filets d'eau qui compofent cette Source, ne rencontrent dans leur paffage aucune fubftance en décompofition.

2.° Le Thermometre plongé dans cette Source, eft defcendu à un demi-degré de moins, que dans la Fontaine d'en bas.

3.° Sa pefanteur fpécifique s'eft trouvée égale à celle de l'autre Source.

4.° Elle diffout très-bien le favon, & rougit un peu les teintures de tournefol & de fleurs de mauve.

5.° La noix-de-galle lui fait prendre un coup d'œil violet, tirant fur le noir; cependant un peu moins foncé, qu'avec l'eau de la premiere Fontaine.

6.° Les alkalis fixes & volatils lui communiquent une couleur jaune, & y occafionnent un précipité de même couleur.

7.° L'alkali Pruffien n'y caufe qu'un leger changement.

8.° Le fel de faturne, & le nitre mercuriel la blanchiffent; il fe fait, peu de temps après, un précipité de couleur grife.

9.° Le foye de fouffre lui communique un ton noirâtre.

10.° L'eau de chaux la jaunit fur le champ; puis il fe fait une précipitation.

11.° Une piece d'argent bien brillante ne s'y eft point noircie.

12.° Soumife à l'évaporation, elle laiffe précipiter, au premier degré de chaleur, une matiere ochreufe, qui, par la calcination, devient attirable à l'aimant.

13.° Sur la fin de l'évaporation, on trouve

la terre abforbante dans le fond de l'évaporatoire.

14.º L'évaporation ayant été pouffée jufqu'à ficcité, j'ai jetté un peu du réfidu fur des charbons ardents ; il a répandu une odeur femblable à celle que donne le tartre, quand on le fait brûler.

15.º Ce réfidu attiroit l'humidité de l'air.

16.º J'ai verfé deffus, du vinaigre diftillé, qui l'a diffous prefque entiérement ; la liqueur filtrée, foumife enfuite à l'évaporation & à la criftallifation, a donné un fel de deux natures, favoir des criftaux analogues au fel acéteux marin, & du fel acéteux à bafe calcaire ; il eft refté une matiere incriftallifable, qui avoit le coup d'œil onctueux ; j'ai verfé par deffus, de l'acide vitriolique, qui en a dégagé des vapeurs d'acide marin.

17.º Cette eau foumife à la diftillation, avec de l'eau de chaux, l'a fait devenir laiteufe.

18.º Si on en verfe fur des fleurs de mauve, lorfqu'elle eft très-concentrée par l'évaporation, elle leur communique une couleur verte.

19.º Elle fait prendre à la diffolution du nitre lunaire, dans l'eau diftillée, une couleur opale qui paffe au violet.

20.ᵉ Cette eau fe décompofe à l'air libre ; mais on peut la conferver long-temps, en la tenant dans un lieu frais, & ayant foin que les bouteilles qui la renferment foient bien bouchées.

CONCLUSION.

1.° Il réfulte de ces expériences, que les Eaux de la Fontaine d'en Haut, font abfolument de même nature, que celles de la Fontaine d'en Bas.

2.° Qu'elles n'en different que parce qu'elles font dépourvues de ce principe phlogiftique, analogue à l'odeur de foye de fouffre, & qu'on pourroit nommer *gas hepatico-fulphureux*.

3.° Que l'efprit minéral, ou *gas*, tient le fer en diffolution dans ces eaux, ainfi que le *natrum*, & la terre abforbante.

4.° Qu'on y trouve également une petite portion de fel marin.

VERTUS MÉDICINALES

Des Eaux Minérales de St. Dié.

D'après l'expofé des principes conftituants des Eaux Minérales de St. Dié, on ne fauroit douter qu'elles n'aient, en bien des occafions, un très-grand avantage fur la plupart des Eaux Minérales ferruginèufes connues ; non feulement à caufe de leur pureté & du bon état de diffolution où s'y trouve le fer ; mais auffi parce qu'elles font exemptes d'acide vitriolique, & principalement de félénite, fel qui fait ordinairement la bafe des eaux de citernes & de puits, & qui fe trouvent malheureufement en affez grande quantité dans plufieurs Eaux Minérales accréditées. Les Éaux de Saint Dié font apéritives & toniques. Ces réflexions femblent m'authorifer à conclure qu'elles pourront donc convenir , s'il eft permis d'en juger par analogie , dans tous les cas où il eft néceffaire de remédier à l'épaiffiffement du fang & de la lymphe, de rétablir le reffort des vaiffeaux, ou des vifceres relâchés , d'entraîner tout ce qui peut

y caufer quelqu'engorgement ; outre la flui-
dité que ces Eaux Minérales donnent au fang
& aux autres liqueurs, elles rendent les fibres
fouples ; elles conviennent dans toutes les
maladies de l'eftomac, principalement dans
celles où il faut relever le ton, ou lorfqu'il
y a beaucoup de glaires. On les prendra
toujours avec un heureux fuccès dans les
pâles couleurs, la jauniffe, la diarrhée, la
diffenterie, l'hydropifie naiffante, lorfqu'il
y a des duretés & des fquirres au foie, dans
la fuppreffion menftruelle & hémorrhoï-
dale, les fleurs blanches, la gonorrhée, les
vapeurs hiftériques & hipocondriaques, les
vertiges, les ardeurs d'urine, la colique né-
phrétique, les douleurs de reins & de la veffie,
la gravelle, & généralement toutes les affec-
tions calculeufes, les dégoûts, les pertes d'ap-
pétit, les embarras des premieres voies, les
obftruations des vifceres, les dartres, les
demangeaifons, enfin dans la cure de toutes
les maladies chroniques les plus opiniâtres.
On doit faire ufage de l'eau de la fontaine
d'en bas, par préférence, dans les maladies
qui ont pour caufe une humeur quelconque
repercutée, & dans les vices pforiques en gé-
néral. Je ne m'étendrai pas plus au long fur les
vertus de ces Eaux Minérales, que l'expé-

C

rience feule pourra conftater. Comme il étoit
très-important d'empêcher le mélange des
eaux communes avec les eaux minérales, j'ai
fait vuider les deux baffins, qui n'étoient alors
que deux fimples trous, pour examiner tous
les filets d'eau qui venoient s'y rendre; en
ayant trouvé quelques-uns qui ne fe noir-
ciffoient pas avec la noix-de-galle, je les
ai détournés à l'aide d'une bonne maçonnerie,
& j'ai mis pour toujours ces Sources à l'abri
de toutes filtrations étrangeres. Les baffins
de ces Fontaines font conftruits en pierres
de tailles du Pays, qui font des efpeces de
grès; ils ont environ deux pieds deux pouces
en quarré, fur un pied & demi de profondeur.
J'ai examiné les eaux quelque temps après la
conftruction des baffins, je les ai trouvées
abfolument de même nature qu'auparavant.
Ayant obfervé que le jet de ces deux Sources
étoit très-fort, j'ai penfé qu'on pourroit éle-
ver fur les baffins deux efpeces d'obélifques
dans l'intérieur defquels l'eau monteroit facilement à trois pieds au deffus de la terre,
& fortiroit par deux goulots pratiqués à cet
effet. Deux auges de pierre placés aux pieds
des obélifques recevroient l'eau des coulants,
& fe déchargeroient enfuite dans un efpece de
puits perdu. Il feroit également très-à propos

de munir d’une porte chaque obélifque, pour veiller dans l’intérieur, à la propreté des Fontaines.

Meffieurs les Magiftrats de St. Dié, dont j’avois eu tant d’occafions d’admirer le zele pour le Bien Public, convaincus de l’utilité de cet Ouvrage, ont donné des ordres pour qu’on y travaillât fans délai.

Sur les Eaux de la Fontaine LARMINAC.

Indépendamment des Eaux Minérales dont nous venons de parler, il y a encore à Saint Dié, dans le jardin d’un Particulier nommé *Larminac*, une Fontaine peu abondante, dont les eaux ont quelqu’analogie avec celles de Sedelitz. Elles tiennent en diffolution du fel marin à bafe terreufe, de la terre abforbante, un peu de *natrum*, & du fel de Sédelitz. Mais ce dernier principe s’y trouve en trop petite quantité, pour les faire regarder comme des Eaux Purgatives, quoiqu’elles aient joui de cette propriété en plufieurs occafions, ainfi que l’a obfervé M. le Docteur *Deybac*. Depuis long temps les Propriétaires de ce jardin ne fe purgent qu’avec les eaux de cette Fontaine. Ils les font concentrer par l'évaporation ; rapprochant ainsi les principes actifs de ces Eaux, ils en augmentent la quantité, & conséquemment l'action. Le même Médecin a reconnu à ces Eaux une autre propriété, celle de diffoudre en partie, & de réduire en petits fragments, dans l'espace d'un mois, des concrétions calculeuses, qu'il y avoit fait tremper. On a cru pouvoir en conclure qu'elles conviendroient parfaitement dans les maladies des reins, des ureteres & de la veffie ; mais c'eft au Médecin obfervateur à en confeiller l'ufage dans les cas particuliers où il les croira indiqués, & à en conftater les effets.

A V I S

Sur la maniere de prendre les Eaux Minérales, d'après les plus habiles Médecins.

La faifon la plus convenable pour faire ufage des Eaux Minérales eft l'Été. On commence ordinairement à les prendre vers le 15 de Juin, & on finit vers la fin de Septembre. Mais fi les mois de Mai & d'Octobres font chauds, rien n'empêche qu'on ne les prenne pendant ces mois.

Il eſt très-prudent de faire précéder la boiſſon des eaux, par un purgatif, un ou deux jours avant d'en faire uſage.

Le matin, une heure avant le lever du ſoleil, eſt le vrai temps pour aller prendre les eaux à leurs ſources. Un léger exercice d'un quart d'heure aux environs de la Fontaine, diſpoſe parfaitement le malade à la boiſſon des eaux, & à leurs effets. On boit étant à jeun, un verre d'eau puiſé à la Source; on ſe promene enſuite un quart d'heure, ſans néanmoins ſe fatiguer; on en prend un autre verre; on ſe promene de même. C'eſt ainſi qu'on continue alternativement la boiſſon & la promenade, juſqu'à ce qu'on ait pris trois ou quatre verres d'eau; chaque verre doit être au moins d'un demi-ſetier, ou de huit onces; on en modérera cependant la doſe, lorſqu'on ſe trouvera l'eſtomac trop ſurchargé. Le ſecond jour, on augmente la doſe d'un verre; le troiſieme, d'un autre verre ou de deux; & on ſuit journellement la même progreſſion, juſqu'à ce qu'on ſoit parvenu à la quantité preſcrite, & toujours proportionnée à la portée de l'eſtomac & au tempérament des malades. Ceux qui ont

l'eftomac foible & délicat , n'en prendront
que cinq à fix gobelets pour la plus forte
dofe ; huit fuffifent à ceux qui ont les organes
de la digeftion un peu plus forts. Et enfin
dix & jufqu'à douze aux plus robuftes. On
continue de prendre les eaux à la dofe la
plus forte , pendant douze à quinze jours ;
on diminue enfuite d'un verre chaque jour,
jufqu'à ce qu'on foit revenu à la quantité du
premier jour , laquelle dofe on prend encore
quelques jours.

Lorfque les maladies exigent de prendre
les eaux long-temps , il en faut fufpendre
l'ufage par intervalle. On les prend d'abord
pendant quinze jours de fuite ; on les fufpend
une femaine ; on les reprend , & on les continue ainfi alternativement, tant & fi long-
temps, que la maladie l'exige , & que les
forces du malade le permettent.

Si les eaux paffent bien par les urines , &
fi le ventre eft libre , on ne fe purgera pas
pendant leur ufage , à moins que des indi-
cations ne l'exigent. On fe purge à la fin
des eaux, & même dans les intervalles , fi
on en continue l'ufage pendant long-temps.

On boira toujours les Eaux Minérales de
St. Dié , froides ; c'eft une-qualité qui leur
eft effentiellement néceffaire. Il fuffira de

manger deux fois par jour, pendant l'ufage des eaux ; on mangera à diner des potages, du pain bien fermenté, & bien cuit, des viandes blanches, du veau, du mouton, de la volaille, des perderaux, des cailles, du poiffon léger, des légumes potagers, mais bien cuits, du riz, de la femoule, du vermicelle, &c. le fouper fera très-léger.

On ne fera pas un feul jour maigre ; on s'abftiendra de toutes fortes de ragoûts, pâtifferies, épiceries, viandes fumées, crudités, laitages, fromages, fruits aigres. On s'interdira la biere, le cidre & toutes les liqueurs fpiritueufes, à l'exception du vin que l'on mêlera avec deux tiers d'eau commune.

F I N.

APPROBATION.

SUR le rapport fait à l'Académie, par M. M. HARMANT, JADELOT & DU TENTAR, d'un Ouvrage intitulé : *Differtation Chymique fur les Eaux Minérales de Saint Dié*, préfenté à la Compagnie par M. Nicolas ; Elle a jugé que les procédés analytiques employés par l'Auteur, font conformes aux vrais principes de la Chymie, & que toutes fes Expériences ont été faites avec le foin, la méthode & l'intelligence qu'on avoit droit d'attendre des talens & des connoiffances de l'Auteur : en conféquence, l'Académie, qui a déjà eu plus d'une occafion de lui rendre juftice, a accordé à fon Ouvrage l'Approbation qu'il lui a demandé.

Fait à Nancy le 25 Janvier 1780.

DE SIVRY,

Secret. Perpétuel.

COPIE d'une Lettre de Monfieur MARET, Secrétaire Perpétuel de l'Académie Royale des Sciences, Arts & Belles Lettres de Dijon, écrite à l'Auteur de l'Analyſe des Eaux Minérales de Saint Dié.

JE réponds bien tard, Monſieur & cher Confrere, à la Lettre que vous m'avez écrite, à laquelle étoient joints votre Analyſe des Eaux Minérales de Saint Dié & votre Mémoire ſur la Chenille Proceſſionnaire. Mais des affaires multipliées ont retardé la lecture de ces Morceaux intéreſſants dans nos Séances, & m'ont forcé à retarder ma réponſe.

L'Académie a été entiérement contente de vos deux Ouvrages, & elle a applaudi au zele Patriotique de Mr. l'Irtendant qui a rendu public votre Mémoire ſur la Chenille; c'eſt un modele bon à offrir à tous les Gens en Place, & qui contient en lui-même des détails faits pour être utiles par-tout.

Votre Analyſe eſt de main de Maître, il n'eſt pas poſſible d'apporter plus de ſagacité

D

& plus d'exactitude dans les épreuves auxquels vous avez foumis ces Eaux. Les conféquences pratiques que vous en avez tirées font très-juftes, très-lumineufes, & en faifant connoître le mérite de ces Eaux, vous avez ouvert une Mine plus précieufe que ne pourroit l'être une Mine d'Or.

La réferve avec laquelle vous vous expliquez fur la nature du *gas* de vos Eaux, paroît tenir à un préjugé que vous avez déjà manifefté dans votre Ouvrage fur les Eaux Minérales de Lorraine, à votre répugnance à donner le nom d'air fixe à ce fluide aëriforme. Mais fi vous croyez cette dénomination trop vague, pourquoi n'admettiez-vous pas celle d'acide aërien que *Bergman* lui donne, ainfi qu'à ce *gas* dégagé de la craie & des liqueurs en fermentation. Le mot *gas* dont vous vous fervez, préfente encore une idée plus vague que celui d'air fixe.

Le *gas* hepatico-fulfureux que vous avez reconnu dans la Source d'en haut, eft bien digne de remarque, & d'autant plus que la température de ces Eaux donne lieu de croire que le lit des pyrites que les Eaux ont dû traverfer, doit être fort éloigné. Il auroit été bien intéreffant que vous euffiez cherché à vous affurer comment ce principe a pu fe dégager d'une eau où rien ne montre la préfence de l'acide vitriolique. Il s'en fuit que cet acide n'eft pas toujours néceffaire pour produire le foufre, & qu'il peut y avoir du foufre par la combinaifon des autres acides minéraux avec le phlogiftique du fer des terres abforbantes, ou de la partie végétale extractive. Dans ce cas-là, ne vaudroit-il pas mieux nommer ce *gas* fimplement phlogiftique. Vous verrez dans l'Ouvrage de M. *Du Chanoy*, fur les Eaux Minérales factices, une expérience où la fimple action de l'air fixe fur le fer a produit un air inflammable; on peut donner aux Eaux de cette efpece, l'odeur du phlogiftique, l'odeur hepatico-fulfureufe, par le feul lavage de l'air inflammable, dégagé du fer par le moyen de l'acide vitriolique. Je fais qu'on peut foupçonner qu'il s'eft élevé un peu d'acide vitriolique fulfureux, mais tout cela me paroît mériter d'être examiné, & vous êtes, plus qu'un autre, dans le cas de vous occuper, avec fuccès, de ce problême.

Nous aurions encore defiré, qu'en parlant des terres contenues dans les Eaux que vous avez analyfées, vous euffiez déterminé leur nature, autrement que par le mot, terre abforbante, & que vous euffiez défigné fi

elle eſt calcaire ou de magnéſie. Cette incer-
titude arrête ceux à qui ce mot ne préſente
qu'une idée vague.

Recevez mes remerciements de vos compliments, au ſujet de mes Opuſcules ; & les
compliments de M. de Morveau : celui-ci a
reçu les Morceaux que vous lui avez envoyé.
Il auroit deſiré qu'ils euſſent été aſſez volu-
mineux pour permettre des expériences.

Je ſuis avec une eſtime diſtinguée,

Monſieur & cher Confrere,

Votre très-humble & obéiſſant
ſerviteur, MARET,
Secrétaire Perpétuel de l'Académie.

Dijon ce 18 Mars 1780.

COPIE *d'une Lettre de Monsieur* SAGE, *de l'Académie des Sciences,* &c. &c. *écrite à l'Auteur de l'Analyse des Eaux Minérales de St. Dié.*

MONSIEUR,

J'AI lu avec autant d'intérêt que de plaisir l'Analyse des Eaux Minérales de Saint Dié, que vous m'avez fait l'honneur de m'envoyer; elle m'a paru très-bien faite, & je suis enchanté que votre Académie vous ait rendu justice.

J'ai fait voir votre Analyse à mon Ami, M. Deromé de l'Isle, il est, ainsi que moi, content, & la trouve bonne.

J'ai remis, dans le temps, vos Mémoires à l'Académie, qui les a bien accueillis,

J'ai l'honneur d'être avec la plus parfaite considération,

Monsieur,

Votre très-humble & très-obéissant serviteur, SAGE.

Paris ce premier Mars 1780.

ERRATA.

Page 11, ligne 4, quantitée, lifez quantité.
Page 16, ligne 14, marins, lifez marin.
Page 17, ligne 5, commené, lifez commencé.
Page 27, ligne 16, fedélitz, lifez fédelitz.
Page 29, ligne 1, octobres, lifez octobre.
Page 31, ligne 5, perdereaux, lifez perdreaux.
Page 32, ligne 3, DU TENTAR, lifez DU TENNETAR.